尼山丛书

中华蒙学经典音注

孔祥安 武宁 主编

dà shēng dú jīng diǎn

大声读经典

xiào
孝

dì
弟

jīng
经

zǐ
子

guī
规

杨富荣/校注

济南出版社　汉唐书局

图书在版编目（CIP）数据

孝经 ；弟子规 / 杨富荣校注. ——济南：济南出版
社，2025.1. —— (大声读经典). —— ISBN 978-7-5488
-6782-1

Ⅰ. B823.1；B825

中国国家版本馆CIP数据核字第2024GK6314号

孝经 弟子规

杨富荣 校注

出 版 人 谢金岭
出版统筹 冀瑞雪
责任编辑 孙育臣 张子涵
装帧设计 王铭基

出版发行 济南出版社
地 址 山东省济南市二环南路 1 号（250002）
总 编 室 0531-86131715
印 刷 山东成信彩印有限公司
版 次 2025 年 1 月第 1 版
印 次 2025 年 1 月第 1 次印刷
开 本 185mm×260mm 16 开
印 张 5
字 数 68 千字
书 号 ISBN 978-7-5488-6782-1
定 价 17.00 元

如有印装质量问题 请与出版社出版部联系调换
电话：0531-86131736

中华蒙学经典音注丛书编委会

总　序

　　蒙学，一般是指中国古代社会对15岁以下儿童进行的启蒙教育，目的是启迪蒙童、增长知识、提升修养。此外，对蒙学的解释还有两种：一是指蒙童教育的机构、场所，如传统社会的"蒙馆""私塾"等；二是指蒙学教材，历史上产生并流传下来的各类启蒙读物，如《三字经》《百家姓》等。

　　"玉不琢，不成器；人不学，不知义。"中国古代先哲十分重视教育，认为实现国家的稳定发展、繁荣富强，首要任务便是抓好教育，尤其要做好少儿的启蒙教育。孔子作为中国古代最伟大的教育家，首创私学，打破了学在官府的教育垄断，让广大平民子弟有了接受教育的机会；同时他提出"性相近也，习相远也"的教育观点，强调蒙童受教育的重要性和必要性。他认为人的天性没有多大差别，只因个体学习教育的不同，才出现了差异。古人云，"时过然后学，则勤苦而难成"。一个人如果错过学习的最佳时机，学起来不但会很劳苦，而且不易有所成就。那么，无论是社会教育还是个体学习，都应把握住蒙童这一人生的"关键期"。南北朝时期的文学家、教育家颜之推在《颜氏家训》中说："吾七岁时，诵《灵光殿赋》，至于今日，十年一理，犹不遗忘；二十之外，所诵经书，一月废置，便至荒芜矣。"他用自己的读书实践与切身体会，证明了早期教育的重要性。宋代大儒朱熹通过研究古代蒙学教育提出"蒙养弗端，长益浮靡"的观点，认为在儿童时期如果没有打好修养身心的基础，长大以后再弥补就很困难了。他在《大学章句序》中说："人生八岁，则自王公以下，至于庶人之子弟，皆入小学，而教之洒扫、应对、进退之节，礼乐、射御、书数之文；及其十有五年，则自天子之元子、众子，以至公、卿、大夫、元士之适子，与凡民之俊秀，皆入大学，而教之以穷理、正心、修己、治人之道。"这里所说的"小学"，也就是一般意义上的蒙学。其实，对于条件比较殷实的家庭来说，其子弟三岁左右就开始进行蒙学教育；对于帝王子弟以及官宦之家的子弟来说，接受启蒙教育会更早些，接受教育的程度会更高。这就是史书所记载的儿童出生后就开始"保傅之教"，八岁以后则会"出就外傅"。

中国古代蒙学教育历史悠久、源远流长，早在殷周时期的帝王以及贵族子弟就已经接受启蒙教育了。传统蒙学教育经过秦汉、隋唐等时期的不断发展，教学内容、教材编写、教学方法等蒙学体系日趋成熟。迨至宋代，蒙学教育迎来了前所未有的发展，并对此后明清的蒙学教育产生了很大推动与影响。从蒙学教材的发展来看，主要分四个阶段：一是秦汉——蒙学教材的发端时期。这时的蒙学读本以识字为主，辅以品德教育，如秦李斯的《仓颉篇》、汉史游的《急就篇》等。二是魏晋南北朝、隋唐——蒙学教材的发展时期。蒙学读物数量、种类明显增多，不仅产生了周兴嗣编写且影响至今的识字教材《千字文》，还出现了知识和思想教育类教材，以及唐代李翰编撰的典故类蒙学教材《蒙求》等。三是宋明至清中叶——新编蒙学教材的涌现时期。因受科举制度与学校教育的影响，这一时期出现了大量新编蒙学教材，从以传统识字为主，开始转向伦理道德与音韵教育，如伦理道德教材《增广贤文》、诗歌音韵教材《千家诗》、典故类教材《龙文鞭影》等。四是清中叶后——改编和续编蒙学教材的延续时期。对部分传统蒙学教材进行改编、校订或者增加部分内容，有的则予以续编，如改编的《三字经》《百家姓》等，又如续编的《龙文鞭影二集》等。传统蒙学教材的发展可谓中国古代蒙学教育的一个缩影，虽有一定局限性，但基本上反映与体现了传统蒙学教育不断发展与成熟的过程。

传统蒙学教材又称小儿书、蒙养书，是中国古代社会专门为学童编撰或编选的启蒙读物，主要用于小学、私塾、书馆以及家庭对儿童进行启蒙教育。

传统蒙学教材大多由不同时代学识渊博的大儒或者知识分子编撰，也有部分是由一些民间宿儒或致仕还乡的有识之士编写整理。传统蒙学教材内容极其丰富，包含识字写字、待人接物、为人处世、修养身心、历史典故等各个方面的文化知识和人文精神，采用韵语、歌诗、对偶等形式，将文化知识与人文精神通俗化、大众化、实用化，让学童读之朗朗上口，易于阅读、背诵和理解；同时还用讲故事的方式启迪教育蒙童，将大道理寓于小故事之中，如《三字经》中的孟母三迁、九龄温席、孔融让梨等传统小故事，不仅增强了蒙童的阅读兴趣，而且可以使蒙童增长知识、明晓事理。

传统蒙学教材一般具有三项功能：一是识字、写字。一般先让蒙童集中识字，为日后阅读文章奠定基础，同时让蒙童用毛笔临摹字帖写字，练习书法，为今后写文章打牢基础。二是读书、做人。蒙童在认识掌握一定数量字词的基础上，通过无数遍的诵读乃至背诵各类蒙学读本，以掌握更多文化知识；同时给予"明人伦"的启蒙，对蒙童进行孝、悌、忠、信、礼、义、廉、耻等伦理观念以及礼仪规范的启蒙教育，以促进个体道德修养的不断提升。三是习韵、作对。通过对声韵格律的启蒙学习，初步掌握作对的技巧，为以后创作诗词、写作文章做好铺垫，为将来步入"大学"学习儒家经典乃至科举考试打下坚实基础。其实，蒙学教育主要以诵读、背诵为主，发挥蒙童记忆力强的优势，追求多积累知识；同时鉴于蒙童理解力差的实际情况，不强调老师指导理解意义，主要是依靠蒙童自己对所学知识进行理解与感悟，讲求"书读百遍，其义自见"。传统解经是十五岁以后的事情，也就是入"大学"以后，在老师指导帮助下理解经义。

"蒙以养正，圣功也。"对蒙童进行启蒙教育，培养纯正无邪的品质，让其摆脱蒙昧，树立人生志向，养浩然正气，走人生正道，这是成就圣人的功业。历代先哲十分重视"蒙以养正"，强调对蒙童进行早期品德教育引导，不仅将其作为蒙童教育的重要经验，而且奉为历代教育的圭臬。如宋代大儒张载认为"蒙以养正"可以"使蒙者不失其正",又如元代许衡认为蒙童"如不克习于小学,则无以收其放心,养其德性",这都是在强调对蒙童应做好"明人伦"的启蒙教育,做好文明礼让、崇德向善的道德启蒙,早早地在幼童的心灵深处埋下一颗善的种子。俗话说:"三岁看大,七岁看老。"这是人们长期以来所形成的一个共识,恰恰也表明了人们对"蒙以养正"这一问题的高度重视。正如《三字经》开头就讲:"人之初,性本善。性相近,习相远。"其实,蒙童养正包括正言、正行、正心等日常礼仪、道德修养的诸多方面,其丰富庞杂的内容都在传统蒙学读物之中。如《增广贤文》中的"责人之心责己,恕己之心恕人""用心计较般般错,退步思量事事宽",《弟子规》中的"凡出言,信为先""话说多,不如少。惟其是,勿佞巧"等。

习近平总书记强调:"人生的扣子从一开始就要扣好。"少年儿童是祖国的未来与希望,只有扣好人生的第一颗扣子、走好人生的第一步,成为一个德才兼备的人,才能肩负起祖国的未来与希望,实现中华民族伟大复兴的中国梦。我们从诸多传统蒙学教材中选取了11部具有典范性且影响较大的蒙学读本,设8个分册,分识字、做人、韵对、典故4个模块,汇编成"中华蒙学经典音注丛书",目的就是落实习总书记的指示精神,让当今儿童通过尽早阅读传统经典启蒙读物,增长文化知识、了解历史人物故事,为促进身心修养提供有益的帮助与支持。但是也应清楚看到,传统蒙书中有个别描写封建迷信、违背人伦等的思想内容,儿童需在老师、家长的正确引导下,予以彻底摒弃。

本丛书在音注编写过程中,参考了古今学者的大量研究成果,特表谢忱!本丛书若有不当之处,请不吝赐教!

孔祥安

2024 年 2 月

目 录

《孝经》

《弟子规》

导言 /39

孝经

导　言

　　在中国社会，孝是最基本的伦理道德范畴之一，是中华民族千百年来积淀形成的重要传统美德之一，也是中国社会所特有的一种文化现象。孝的本义是"善事父母"，是子女对父母应尽的道德义务，它包括子女对父母给予物质上赡养、精神上孝敬、思想上尊重、道义上谏诤等诸多方面。

　　《孝经》是一部专门系统全面阐述孝道和孝治思想的儒家经典著作，位列"十三经"之一。尽管其在"十三经"中字数最少，但对中国社会以及中华民族的影响是普遍而深刻的，人们一般将其视为修身达仁、为人处世以及社会治理的"至德要道"。

　　《孝经》不只是教导每一个个体如何行孝，还是儒家对所希望的一种社会政治秩序给予的设计与安排，目的是让庶民之家以及帝王之国乃至整个天下，以孝为伦理基础，来建立一种和睦的共同体生活。汉代标榜以孝治天下，宣扬孝道，选举孝廉，《孝经》颇受重视。唐代不仅将《孝经》作为国子监必读课程，也是童子科必考科目。唐玄宗曾御注《孝经》，令天下家藏一本，此时《孝经》地位达到前所未有的高度。由此，也开启了《孝经》通俗化、平民化的先河。宋初《孝经》亦备受重视，被列"十三经"之一。宋太宗手书《孝经》，勒碑于秘书监。宋神宗时王安石变法，对科举制度进行了重大改革，《孝经》不再是科举的必考科目。从此，《孝经》逐渐远离政治舞台，开始与蒙学教育和地方风俗教化相结合。元代，上至帝王贵族，下至民间百姓，不论年龄大小都诵读并熟知《孝经》。明清两代的学者普遍认为《孝经》是"四书"之根本、"六经"之总会，应将《孝经》作为儿童启蒙的重要读本，占据蒙童教育的重要地位。

关于《孝经》的作者，一向众说纷纭，没有定论。一般认为，《孝经》是孔子传授给曾参，由曾参或其弟子记录整理成书。孔子说："吾志在《春秋》，而行在《孝经》。"《汉书·艺文志》记载："《孝经》者，孔子为曾子陈孝道也。"郑玄《六艺论》说："孔子以六艺题目不同，指意殊别，恐道离散，后世莫知根源，故作《孝经》以总会之。"然而，从宋代至今人们对孔子作《孝经》的说法一直存在质疑，同时引发了学者很多思考，并且提出孔子作、孔子门人记录、曾子作、曾子门人记录、子思作、齐鲁间陋儒作、孟子门人作等 10 多种观点。但是，无论哪种说法，均未否认《孝经》之思想来源于孔子，这是人们的一个共识。

《孝经》有《今文孝经》和《古文孝经》两个版本。今文本《孝经》18 章，据说是秦末河间人颜芝所藏，汉初时由他的儿子颜贞献出。因这个本子是用当时通行的隶书字体书写，所以称为《今文孝经》，郑玄为之作注。古文本《孝经》22 章，因其用先秦古文字书写，所以称为《古文孝经》，孔安国为之作注。《汉书·艺文志》称："武帝末，鲁共王坏孔子宅，欲以广其宫，而得《古文尚书》及《礼记》《论语》《孝经》凡数十篇，皆古字也。"孔注本毁于梁乱。隋时刘炫伪作孔注本传世。唐开元七年（719 年），唐玄宗命诸儒鉴定今、古文两本，汇集韦昭、王肃、虞翻、刘劭、刘炫、陆澄六家说为注，刻石太学，郑注和孔注本由此都被废除。北宋真宗咸平四年（1001 年），邢昺（bǐng）受诏校定各经疏，纂成《孝经注疏》，列入《十三经注疏》。今通行的版本即是唐玄宗注和宋邢昺疏的《孝经》。

本书以今文本《孝经》为依据，分18章，仅1800余字，经文字数虽少，却完整表达了孝的内容要求、价值意义，涉及个人修养、家族传承、生命关怀以及国家治理等诸多方面的内容与实践，文字简约，主题突出，结构严谨，层次清晰。《孝经》说："夫孝，天之经也，地之义也，民之行也。"儒家认为子女孝敬父母是天经地义的事，认为"人之行，莫大于孝"，同时认为孝是人生修养的逻辑起点，通过认真践行孝道，可以夯实修齐治平的人生修养基础。

"身体发肤，受之父母，不敢毁伤，孝之始也。"读《孝经》，首先要学会自爱自重。我们的身体，我们的生命，属于我们自己，但又不仅仅属于我们自己。"儿女都是父母的心头肉"，爱惜我们的身体，把自己的身体照顾好，是子女对父母之爱的尊重与接纳，也是子女对父母的孝。

"立身行道，扬名于后世，以显父母，孝之终也。"人生短短几十年，将面临很多的选择和挑战，但如何实现人生的价值，这是每个人所要面临的问题。与其一生碌碌无为，不如不断进德修业，增长才干，服务社会。这不仅是一个人生命的价值所在，也是尽孝的义务所在，这样可以让自己的父母有个好名声，让父母赢得人生尊严与社会尊重。

"夫孝，始于事亲，中于事君，终于立身。"爱护自己的身体，好好奉养父母，这是孝的起点。而"中于事君"，这是要一个人服务社会、为国家做贡献，将孝行转化为为国尽"忠"。那么，"立身行道"则是活出生命的光辉与价值，做到在家尽孝、为国尽忠，实现人生价值目标，成为一个对家庭、对社会、对国家有用，为人所称道的人。《孝经》将"忠"与"孝"联系起来，认为"忠"是"孝"的发展和扩大，从而达到移孝作忠，其目的是构建一个以孝为基点的和谐社会，让人们和谐和睦地共同生活。

孝是漫长人生路上所要迈出的第一步，如果这一步走得比较踏实，未来的人生路会走得越来越稳健，越来越通畅；如果这一步踏空，就会失去人生修养的基础与根基，为将来的人生路埋下很多隐患。那么，一个人只有做到孝，才能走好人生的第一步，从而为辉煌的漫长的人生之路奠定基础。

孔子说："诵《诗》三百，授之以政，不达；使于四方，不能专对。虽多，亦奚以为？"（《论语·子路》）学习《孝经》是为了修养身心，是为了提升生命的境界，进而实现"修身、齐家、治国、平天下""立身行道，扬名于后世，以显父母"的生命价值。学习《孝经》不应以获取知识、增长见解为目的，更多的应是晓义明理、努力践行，做到知孝、行孝，做到在家尽孝、为国尽忠，实现自我人生价值，绽放出人生光彩。需要指出的是，《孝经》有其历史的局限性以及封建思想观念，需要予以历史辩证的看待与扬弃，蒙童诵读学习《孝经》，可在师长的指导下进行，从而更好地发挥出其时代价值，并服务于中华民族现代文明建设。

在音注《孝经》的过程中，我们以通行《孝经》为底本，参考了舒大刚先生的诵读本《孝经》、邓启铜先生的《孝经》注释等时贤的研究成果，谨深表谢忱！本书有不当之处，请提出宝贵的意见和建议。

杨富荣

2024 年 3 月

卷　一

开宗明义章① 第一
kāi zōng míng yì zhāng　　　dì yī

1.1 仲尼居②，曾子侍③。
　　zhòng ní jū　　　zēng zǐ shì

1.2 子曰："先王有至德要道④，以顺
　　zǐ yuē　　　xiān wáng yǒu zhì dé yào dào　　　yǐ shùn

天下⑤，民用和睦⑥，上下无怨⑦。汝
tiān xià　　　mín yòng hé mù　　　shàng xià wú yuàn　　　rǔ

---

① 开宗明义：即阐述本经的宗旨，点出全书的主题。宗，宗旨。明，显示，使之明了。

② 仲尼：即孔子（前551—前479），名丘，字仲尼，春秋时期伟大的思想家、教育家，儒家学派创始人。　居：闲居，无事闲坐。

③ 曾子：即曾参（前505—前434），名参，字子舆，孔子的学生，春秋末鲁国人，与其父曾点先后为孔子弟子，曾参以孝悌著称。　侍：侍坐，陪坐。

④ 子：指孔子。古代对男子的尊称，相当于后世的"先生"。先秦文献（特别是儒家文献）中的"子"多指孔子。　先王：先代的圣王。这里指尧、舜、禹、汤、周武等历史上的贤君圣王。　至德：至美的品德、德行，指孝悌。　要道：至关重要的法则、道理。

⑤ 以顺天下：以，介词，用来。顺，又作"训"。天下，即普天之下，包含所有的人、事、物。

⑥ 民用和睦：百姓因而相亲相和。用，因而。和睦，和谐亲近。

⑦ 上下：指社会地位的尊卑高低，从贵族到平民的各个阶层。上，指长上，尊者。下，指下级，卑者。

zhī zhī hū
知 之 乎^①？" 曾 子 避 席 曰^②："参 不

mǐn
敏^③，何 足 以 知 之？"

zǐ yuē　　　　fú xiào　　dé zhī běn yě　　　jiào zhī
1.3 子 曰："夫 孝^④，德 之 本 也^⑤，教 之

suǒ yóu shēng yě　　　fù zuò　　wú yù rǔ　　shēn tǐ
所 由 生 也^⑥。复 坐^⑦，吾 语 汝^⑧。身 体

fà fū　　shòu zhī fù mǔ　　bù gǎn huǐ shāng　　xiào
发 肤^⑨，受 之 父 母，不 敢 毁 伤^⑩，孝

zhī shǐ yě　　lì shēn xíng dào　　yáng míng　yú hòu shì
之 始 也。立 身 行 道^⑪，扬 名^⑫于 后 世，

---

① 汝：即尔，你，古时长辈对晚辈可称汝。　之：指代前句所说的"至德要道"。　乎：语气词，用在句末表示疑问或反问。

② 避席：古代的一种礼节，古人常常席地而坐，说话时离开座位站起来，以表示敬意。

③ 敏：聪明，灵敏。

④ 孝：对父母尽心奉养且顺从。

⑤ 德之本：一切德行的根本、初始，指孝。本，根本，核心，这里也有始的意思。

⑥ 教之所由生也：古代有"五教"之说，即教父以义，教母以慈，教兄以友，教弟以恭，教子以孝。儒家认为所有教化都可以从孝道产生出来。教，教育，教化。

⑦ 复坐：从站立处回到自己的席位上去。根据礼仪，在尊长面前，尊长不命坐，晚辈或下级不可擅自落座。复，重回。

⑧ 语：告诉，对……说。

⑨ 身体发肤：泛指人的整个身体。身，人的躯干。体，人的四肢。发，毛发。肤，皮肤，指身体。

⑩ 毁伤：毁坏，残伤。

⑪ 立身：内修孝悌之德，德行立于内。　行道：在外按照天道行事，走正道、大道。

⑫ 扬名：显扬名声。指建立一定的功德，荣耀祖先。

以 显 父 母^①，孝 之 终 也^②。夫 孝，始 于 事 亲^③，中 于 事 君^④，终 于 立 身^⑤。《大 雅》云：'无 念 尔 祖，聿 修 厥 德^⑥。'"

天子章^⑦ 第二

2.1 子 曰："爱 亲 者，不 敢 恶 于 人^⑧；

---

①显：显露，显现，显耀。
②孝之终也：这里指孝道的高级的、终极的要求。终，终了，至高的孝的境界。
③始于事亲：以侍奉双亲为孝行之始。事，事奉，孝敬。亲，双亲，父母。
④中于事君：以为君王效忠，做一份功业，为孝行的中级阶段。
⑤终于立身：以建功扬名、光宗耀祖为孝行之终。
⑥无念：不要忘记。无，或作毋、勿。 尔：你的。 祖：祖先。 聿：或作曰，语助词。
　　厥：代词，其。 德：品德。这二句见于《诗经·大雅·文王》。
⑦天子：指帝王、君主。古时宣称君权神授，最高统治者都说自己受命于天，故称"天子"。
⑧爱亲：亲爱自己的父母。 恶：厌恶，憎恨。

jìng qīn zhě bù gǎn màn yú rén^① ài jìng jìn yú shì
敬亲者，不敢慢于人^①。爱敬尽于事

qīn ér dé jiào jiā yú bǎi xìng xíng yú sì hǎi
亲，而德教加于百姓^②，刑于四海^③。

gài tiān zǐ zhī xiào yě fǔ xíng yún yì
盖^④天子之孝也。《甫刑》云^⑤：'一

rén yǒu qìng zhào mín lài zhī
人有庆^⑥，兆民赖之^⑦。'"

①敬亲：尊敬自己的父母。　慢：轻侮，怠慢。不轻慢他人之亲也是一种自我保全行为。
②德教：道德修养的教育，即孝道的教育。　加：施加，扩展。
③刑：一作"形"，显现。又通"型"，典型，样式。　四海：代指整个天下、国家。
④盖：句首语气词，谦辞，揣测性判断。
⑤《甫刑》：一名《吕刑》，《尚书》篇名。
⑥一人：指天子。　有庆：有美好的品德。庆，好的事情。
⑦兆民：指人数众多，泛指天下百姓。　赖：依赖，依靠，这里指敬仰，学习。

卷 二

诸侯章 ① 第三
zhū hóu zhāng　　　　dì sān

3.1 "在上不骄②，高而不危；制节谨度③，满而不溢④。高而不危，所以长守贵也⑤；满而不溢，所以长守富也⑥。富贵不离其身，然后能保其社稷⑦，而和其民人⑧。盖诸侯之

----

①诸侯：古代由天子分封的诸侯国国君，统称诸侯。

②在上：指诸侯的地位在万民之上，身居高位。　骄：骄横，自满，自高自大。

③制节谨度：节俭行事，谨慎遵守法度。　谨度：指自己行为谨慎而合乎法度。

④满：充实，指国库充裕。　溢：指超越标准的奢侈浪费。

⑤长守贵：指长久地保有尊贵的地位。贵，这里指政治地位高。

⑥长守富：长久地保有财富。富，指钱财多。

⑦社稷：国家。社，土地神。稷，谷神。两者都是古代社会最重要的根基。

⑧和：使……和睦。　民人：百姓。

孝也。《诗》云：'战战兢兢，如临
深渊①，如履薄冰。'"

卿大夫②章　第四

4.1 "非先王之法服不敢服③，非先
王之法言不敢道④，非先王之德行
不敢行⑤。是故非法不言⑥，非道不
行⑦；口无择言，身无择行⑧；言满

---

①战战：恐惧。　兢兢：戒慎。　临：近。语出《诗经·小雅·小旻》。
②卿大夫：指地位仅次于诸侯的高级官员。
③法服：符合礼制的服饰。　不敢服：不敢穿。
④法言：符合礼仪规范的言论。　不敢道：不敢说。　道：道说，谈论。
⑤德行：合乎道德规范的行为。
⑥非法不言：不符合礼法的话不说，言必守法。
⑦非道不行：不符合道德的事不做，行必遵道。
⑧口无择言，身无择行：张口说话无须斟酌措词，行动举止无须考虑应当怎样去做。

天下无口过①，行满天下无怨恶②。三者备矣③，然后能守其宗庙。盖卿、大夫之孝也。《诗》云：'夙夜匪懈，以事一人④。'"

士⑤章 第五

5.1 "资于事父以事母⑥，而爱同⑦；

---

① 满：充满，遍布。 口过：言语的过失。

② 怨恶：怨恨，憎恶，不满。

③ 三者：指服、言、行，即法服、法言、德行。 备：完备，齐备。

④ 夙夜匪懈，以事一人：日夜谨慎工作勤奋不懈，忠诚地侍奉周天子。夙，早。匪，非，不。懈，怠惰。语出《诗经·大雅·烝民》。

⑤ 士：是指次于卿大夫的最后一等的爵位，其中分上士、中士、下士三级；又是低级官吏的名称。

⑥ 资：拿，用，取。

⑦ 爱：指亲爱之心。

资于事父以事君，而敬同①。故母取其爱，而君取其敬，兼之者父也②。

5.2 故以孝事君则忠，以敬事长则顺③。忠顺不失④，以事其上，然后能保其禄位⑤，而守其祭祀⑥。盖士之孝也。《诗》云：'夙兴夜寐，无忝尔所生⑦。'"

---

①敬：指崇敬之心。

②兼：同时具备。之：代词，指爱与敬。此处指侍奉父亲，兼有爱心和敬心。

③长：上级。

④忠顺不失：指忠诚与顺从两个方面都做到没有缺点、过失。

⑤禄位：官吏的薪水和职位。禄与位是相互关联的，有位则有禄，无位则无禄。

⑥祭祀：备供祭品，祭天神、地祇、人鬼活动的通称。这里指的是祭祀宗庙祖先。

⑦无：通"毋"，不要。 忝：侮辱。 尔所生：生养你的人，即父母。这里指要早起晚睡地去做，不要辱及生养你的父母。语出《诗经·小雅·小宛》。

庶人章^① 第六

shù rén zhāng　　dì liù

6.1 "用天之道^②，分地之利^③，谨身节用^④，以养父母^⑤。此庶人之孝也。

6.2 故自天子至于庶人，孝无终始，而患不及者^⑥，未之有也^⑦。"

①庶人：众人，指一般平民百姓。庶，即众，多的意思。

②用天之道：指做任何事情都要顺应自然规律，这里指按时令变化安排农事，即春生、夏长、秋收、冬藏。用，顺应，依循，利用。道，规律，原理，准则。

③分地之利：即区分各种不同的土质、地势以及当地的气候，因地制宜，种植适宜当地生长的农作物，从而获得最大的收成。分，区别，分辨。利，利益，好处。

④谨身：爱护身体，不使父母担忧。　节用：节省开支。

⑤养：赡养，供养。

⑥患不及：担心做不到。患，忧虑，担心。不及，做不到。

⑦未之有也：即"未有之也"。这是不可能发生的事情。意思是孝行是人人都能做得到的，不用担心做不到。

三才章^① 第七

sān cái zhāng　　dì qī

7.1 曾子曰："甚哉^②，孝之大也！"子曰："夫孝，天之经也^③，地之义也^④，民之行也^⑤。天地之经，而民是则之。则天之明^⑥，因地之利^⑦，以顺^⑧天下。是以其教不肃而成^⑨，其政

①三才：天、地、人的合称。
②甚：很，非常。　哉：语气词，表示感叹。
③天之经：如天道日月星辰的运转，永恒不变。经，常规，原则，指永恒不变的规律。
④地之义：如地道顺承天道，孕育万物，各得其宜。孝道又源于地道，所以人要取法于地道，如地道顺承天道一样，终身奉养孝顺父母。义，适宜。
⑤民之行也：意思为孝道是人之百行中最根本、最重要的品行。行，品行，行为。
⑥天之明：指天空中有规律运行的日月星辰。
⑦因地之利：充分利用大地的优势。因，凭借。
⑧顺：治理。
⑨肃：严厉，严正认真。

不严而治^①。先王见教之可以化民也，是故先之以博爱^②，而民莫遗其亲^③；陈之以德义^④，而民兴行；先之以敬让，而民不争；导之以礼乐^⑤，而民和睦；示之以好恶，而民知禁^⑥。《诗》云：'赫赫师尹，民具尔瞻。^⑦'"

①政：政治教化。
②先：指率先实行。　之：指人民。　博爱：泛爱众人。
③遗：遗弃。
④陈：述说，陈述。
⑤导：通"道"，指引，带领，通道。
⑥禁：法律或习惯上禁止的事情。
⑦赫赫师尹，民具尔瞻：赫赫，声威显赫，很有气派的样子。师，指太师，是周三公(太师、太傅、太保)中地位最高者，辅佐天子治理国家。尹，尹氏。师尹，指担任太师的尹氏。尔，你。瞻，仰望。其意为威严而显赫的太师尹氏，人民都仰望着你。以上二句出自《诗经·小雅·节南山》。

卷 三

孝治章^① 第八

8.1 子曰："昔者明王之以孝治天下也^②，不敢遗小国之臣^③，而况于公、侯、伯、子、男乎^④！故得万国之欢心^⑤，以事其先王。治国者，不敢侮于鳏寡^⑥，而况于士民乎！故得百

---

①孝治：以孝道治理天下。

②昔者：从前。 明：圣明。

③遗：遗忘，疏忽。

④公、侯、伯、子、男：周朝分封诸侯的五等爵位。

⑤万国：天下所有的诸侯国。万，言其多，并非实数。 欢心：爱护、拥护之心。

⑥侮：轻慢。 鳏寡：老而无妻的男士叫鳏，老而无夫的女士叫寡。

姓之欢心，以事其先君。治家者，

不敢失于臣妾①，而况于妻子乎②！

故得人之欢心，以事其亲。

8.2 夫然，故生则亲安之，祭则鬼

享之③，是以天下和平，灾害不生④，

祸乱不作⑤。故明王之以孝治天下

也如此。《诗》云：'有觉德行，四

国顺之⑥。'"

---

① 臣妾：指家内的奴隶，男性奴隶曰臣，女性奴隶曰妾。也泛指地位卑贱者。
② 妻子：妻子和子女。子，泛指儿女。先秦时期儿子与女儿都可称为"子"。
③ 鬼：这里指去世的父母的灵魂。《论衡·讥日》："鬼者死人之精也。"《礼记·礼运》
　郑玄注："鬼者精魂所归。"
④ 灾害：指自然界水、旱、风、雨等灾变。
⑤ 祸乱：指人事方面的祸患。
⑥ 有觉德行，四国顺之：天子有非常高尚的德行，四方各国都归顺于他。觉，大，高尚。
　语出《诗经·大雅·抑》。

圣治章^① 第九
shèng zhì zhāng　　　dì jiǔ

9.1 曾子曰："敢问圣人之德^②，无以加于孝乎^③？"
zēng zǐ yuē　　　gǎn wèn shèng rén zhī dé　　wú yǐ
jiā yú xiào hū

9.2 子曰："天地之性^④，人为贵。人之行，莫大于孝。孝莫大于严父^⑤，严父莫大于配天^⑥，则周公其人也。
zǐ yuē　　　tiān dì zhī xìng　　　rén wéi guì　rén
zhī xíng　　mò dà yú xiào　xiào mò dà yú yán fù
yán fù mò dà yú pèi tiān　　zé zhōu gōng qí rén yě

①圣治：圣人之治理天下。
②敢：表敬副词，有冒昧的意思。　圣人：德高望重，具有最高智慧和德行的人。
③加：超出。加于，在……之上，比……更重要。
④性：这里指性命，生灵，生物。
⑤严父：尊崇尊敬父亲。严，尊、尊崇、尊敬。
⑥配天：周代礼制，每年冬至在郊外祭祀上天，同时祭祀父祖先王，这就是配天之礼。
　古人认为天是最伟大的，父亲是最值得尊崇的，父亲在世时孝子将其视为自己的天，
　父亲死后孝子以其配享上天，是孝子对父亲最大的尊崇。配，有匹配和配享之义。

昔者，周公郊祀后稷以配天①，宗祀文王于明堂②，以配上帝。是以四海之内③，各以其职来助祭。夫圣人之德，又何以加于孝乎？

9.3 故亲生之膝下④，以养父母日严⑤。圣人因严以教敬⑥，因亲以教爱⑦。圣人之教，不肃而成⑧，其政不

①周公：姓姬，名旦。周武王的弟弟，成王的叔叔。武王崩，成王年幼，周公摄政。周代的礼乐制度相传都是周公制定的。　郊祀：古代于郊外祭祀天地，南郊祭天，北郊祭地。　后稷：指姬弃，周部落的始祖。

②明堂：古代帝王宣明政教、举行典礼等活动的地方。

③四海之内：这里指天下。

④故亲生之膝下：这是说子女对父母的亲爱之心在幼年时期就自然天成。

⑤日严：日益尊敬。

⑥圣人因严以教敬：指圣人顺应着子女对父母尊崇的天性，引导他们敬父母。

⑦因亲以教爱：根据子女对父母亲近的天性，教导他们爱父母。

⑧圣人之教，不肃而成：圣人的教化虽然并不严厉但很有成效。

严而治^①，其所因者本也^②。父子之道^③，天性也，君臣之义也。父母生之，续莫大焉^④。君亲临之，厚莫重焉^⑤。

9.4 故不爱其亲而爱他人者，谓之悖德^⑥；不敬其亲而敬他人者，谓之悖礼。以顺则逆，民无则焉。不在于善，而皆在于凶德^⑦，虽得之，

---

① 其政不严而治：圣人的政令虽然并不苛刻但能使天下太平。
② 因：顺应，凭借。　本：本性，天性。这里具体指孝顺父母的天性。
③ 父子之道：指父子之间父慈子孝的感情关系。
④ 续：指续先传后，也就是人类的自身繁衍。　焉：于之，在这件事上。　莫大焉：没有比这更重大的事。
⑤ 君亲临之，厚莫重焉：（父亲）既以君主的身份又以父亲的身份对待子女，这是人伦中最为重要的关系。
⑥ 悖：相冲突，违背。
⑦ 凶德：违背道德礼仪的恶行。

君子不贵也。君子则不然，言思可道①，行思可乐②，德义可尊，作事可法，容止可观③，进退可度④，以临其民⑤，是以其民畏而爱之⑥，则而象之。故能成其德教，而行其政令。《诗》云：'淑人君子，其仪不忒⑦。'"

---

① 言思可道：讲话时要考虑这些话是可以讲的。道，道说，谈论。
② 行思可乐：君子所做的每一件事，都要考虑到这些事能够使人感到高兴、愉悦。
③ 法：效法，模仿，跟随。　容止可观：君子的容貌和举止要值得人们仰慕。
④ 进退可度：君子的一举一动都要合乎法度。
⑤ 以临其民：意思是用这样的办法来管理、治理他的臣民。临，统治，统领。
⑥ 畏：敬畏，信服。
⑦ 淑：美好、善良。　淑人：有德行的人。　君子：指有道德、有才干的人。　仪：仪表、仪容。　忒：差错。语出《诗经·曹风·鸤鸠》。

纪孝行章^① 第十

jì xiào xíng zhāng　　　　dì shí

10.1 子曰："孝子之事亲也，居则
zǐ yuē　　xiào zǐ zhī shì qīn yě　jū zé

致其敬^②，养则致其乐^③，病则致其
zhì qí jìng　yǎng zé zhì qí lè　bìng zé zhì qí

忧^④，丧则致其哀^⑤，祭则致其严^⑥，
yōu　sāng zé zhì qí āi　jì zé zhì qí yán

五者备矣，然后能事亲。事亲者，
wǔ zhě bèi yǐ　rán hòu néng shì qīn　shì qīn zhě

居上^⑦不骄，为下不乱^⑧，在丑^⑨不
jū shàng bù jiāo　wéi xià bú luàn　zài chǒu bù

────────────

①纪孝行：记载、阐述孝道的内容及具体事项。
②居：日常的家庭生活。　致：尽，极。
③养：赡养。　乐：欢乐。
④病则致其忧：父母生病时，要充分表达出对父母健康的忧虑关切。
⑤丧则致其哀：父母去世时，要充分地表现出自己的悲伤哀痛。丧，指父母去世，办
　理丧事的时候。
⑥祭则致其严：孝子在祭奠自己的父母时，要用尽可能庄严、敬重的态度来追思他们。祭，
　祭奠。
⑦居上：身居高位。即地位高贵。
⑧为下：身为臣下。　乱：反逆犯上。
⑨在丑：在朋辈之中，地位同等的人。

争。居上而骄则亡，为下而乱则刑[1]，在丑而争则兵[2]。三者不除，虽日用三牲之养[3]，犹为不孝也。"

五刑章[4] 第十一

11.1 子曰："五刑之属三千，而罪莫大于不孝[5]。要君者无上[6]，非圣人

---

①刑：用作动词。刑罚，处罚。指受到刑法的惩处。

②兵：兵器，用作动词。在此指用兵器相杀戮。

③日用三牲之养：言给父母每天吃的供给极为丰厚。日，每天。 三牲，指猪、牛、羊。古人宴会或祭祀时用三牲，称为"太牢"，是最高等级的供奉。

④五刑：墨、劓、剕、宫、大辟。这里泛指各种刑罚。处以五刑的罪行共有三千条。三千：泛指罪名之多，不是确数。

⑤罪莫大于不孝：在应当处以五刑的三千条罪行中，最严重的罪行是不孝。

⑥要：要挟，胁迫。无上，藐视君主，目无长上。

zhě wú fǎ^①，非孝者无亲。此大乱^②之

道也。"

广要道章^③　　第十二

12.1 子曰："教民亲爱，莫善于孝；

教民礼顺，莫善于悌^④；移风易俗^⑤，

莫善于乐^⑥；安上治民^⑦，莫善于

---

①非：责难反对，不以为然。　无法：藐视法纪，破坏法纪。

②大乱：最严重的祸患、悖乱。

③广要道：推广、阐发"要道"二字的义理。从大的范围来阐发孝道。要道，最重要的原则。

④礼顺：遵礼顺法，和睦相处。　悌：敬爱兄长。

⑤移风易俗：改变旧的、不良的风俗习惯，树立新的、合乎礼教的风俗习惯。易，改变。

⑥乐：有音乐伴奏的乐曲，可以教化人心，如《韶》乐。

⑦安上：使国君安心。社会太平，国君就能安心。安，安定、安心。上，国君。治民：
　使民众得到治理。

礼^①。礼者，敬而已矣^②。故敬其父，则子悦^③；敬其兄，则弟悦；敬其君，则臣悦。敬一人，而千万人悦^④。所敬者寡，而悦者众。此之谓要道也。"

广至德章^⑤　第十三

13.1 子曰："君子之教以孝也，非家

---

①礼：礼者，天地之序也，可以"正君臣父子之别，明男女长幼之序"，即维护社会固有的秩序及等级制度。礼是制度，是规矩，有礼则治，无礼则乱。

②敬：尊重，有礼貌。

③悦：高兴，喜欢。

④一人：指父、兄、君，即受敬之人。　千万人：指子、弟、臣。千万，形容数量之多。

⑤广至德：进一步阐发孝道为"至德"的理由。至德，最美好的品德，具体指孝敬之德。

至而日见之也①。教以孝，所以敬天下之为人父者也；教以悌，所以敬天下之为人兄者也；教以臣，所以敬天下之为人君者也。《诗》云：'恺悌君子②，民之父母。'非至德③，其孰能顺民④，如此其大者乎⑤！"

①非：不是。 家至：到家，即一家一户都亲自去监督。 日见之：每天都见他，即每天都示范为人子者如何行孝。见，看着，监督着。
②恺悌君子：品德优良，平易近人的人。语出《诗经·大雅·泂酌》。
③非至德：除了那些品德最为美好的人。非，不是，除了。至德，品德最为美好。
④孰：谁、何。 顺民：顺应民意，指顺应万民都有的孝敬父母的本心。
⑤大：伟大。这里指能够使百姓和睦相处的伟大事业。

卷 四

guǎng yáng míng zhāng 广扬名章 ① dì shí sì 第十四

14.1 zǐ yuē 子曰：" jūn zǐ zhī shì qīn xiào gù zhōng kě 君子之事亲孝，故忠可 yí yú jūn 移于君 ② ； shì xiōng tì 事兄悌， gù shùn kě yí yú zhǎng 故顺可移于长； jū jiā lǐ 居家理 ③ ， gù zhì kě yí yú guān 故治可移于官。 shì yǐ xíng 是以行 chéng yú nèi 成于内 ④ ， ér míng lì yú hòu shì yǐ 而名立于后世矣 ⑤ 。"

---

① 广扬名：进一步阐发行孝和扬名的关系。

② 君子之事亲孝，故忠可移于君：君子（在家）侍奉父母能极尽孝道，那么他（在朝堂、工作中）就能忠诚地侍奉君王。君子，此处指有修养有道德的士人。移，转移，感情的转移。

③ 理：治理，妥善处理。指在家能够把家庭治理的有条有理。

④ 行成于内：君子在家庭中养成美好的品德，其道德的作用得到发挥、取得成绩。行，行为，指事亲孝、事兄悌和居家理的这些行为。成，成效、成功。内，指家庭之内。

⑤ 名：名声，声誉。指美名流传于后世。

谏诤章^①　第十五

15.1 曾子曰："若夫慈爱、恭敬、安亲、扬名^②，则闻命矣^③。敢问子从父之令^④，可谓孝乎？"

15.2 子曰："是何言与^⑤！是何言与！

---

①谏诤：谏，规劝。诤，直言劝告。对君王、尊长、朋友进行规劝。

②若夫：句首语气词，用以引起下文，无实意。　慈爱：指爱亲。慈，通常指上对下之爱。
安亲：使父母身心都能够安然无恙。

③闻命：谦辞，领会师长的教导。闻，听到，知道。命，命令。这里指教诲。

④从：听从。　敢问：冒昧地请教。敢，谦辞。

⑤是：指示代词，指"子从父之令可谓孝"这种说法。　何言与：什么话，表示否定的答语。以下重复一句"是何言与"，是加强了否定的意思。　与：通"欤"，语气词，表感叹或疑问语气。

昔者，天子有争臣七人^①，虽无道，不失其天下；诸侯有争臣五人，虽无道，不失其国；大夫有争臣三人，虽无道，不失其家；士有争友，则身不离于令名^②；父有争子，则身不陷于不义。故当不义，则子不可以不争于父，臣不可以不争于君。故当不义则争之。从父之令，又焉得为孝乎！"

---

①争臣：敢于谏诤的大臣。争，通"诤"。　七人：一说指辅佐天子的三公、四辅。三公，周代的三位最高的行政长官，即太师、太傅、太保。四辅，相传是古代天子身边的四位辅佐大臣，即前疑、后丞、左辅、右弼。一说"七人"并非确指，只是泛指多人。
②令名：美好、良善的名声。

感应章^①　第十六
gǎn yìng zhāng　dì shí liù

16.1 子曰："昔者，明王事父孝^②，故
zǐ yuē　xī zhě míng wáng shì fù xiào　gù

事天明^③；事母孝，故事地察^④；长
shì tiān míng　shì mǔ xiào gù shì dì chá zhǎng

幼顺，故上下治。天地明察，神明
yòu shùn gù shàng xià zhì tiān dì míng chá shén míng

彰矣^⑤。故虽天子，必有尊也^⑥，言
zhāng yǐ gù suī tiān zǐ bì yǒu zūn yě yán

有父也；必有先也^⑦，言有兄也。宗
yǒu fù yě bì yǒu xiān yě yán yǒu xiōng yě zōng

庙致敬，不忘亲也^⑧。修身慎行，恐
miào zhì jìng bú wàng qīn yě xiū shēn shèn xíng kǒng

----

①感应：互相感动，交相影响。古人认为人间的孝悌行为，能使神灵做出相应的反应。

②明王：圣明睿智的君王。

③事天明：能顺应天意，通于天。古人认为父如天，母如地，故父与天相配，母与地相配。

④事地察：能探知大地的意志，通于地。察，明白，清楚。

⑤彰：彰显，这里指护佑，降福。指神灵的福佑就会表现出来。

⑥有尊：有他应该尊敬的人。即他的父亲。

⑦有先：有比他更先出生的人，即他的兄长。

⑧宗庙：祭祀祖先的地方。　致敬：极尽诚敬之心。　不忘亲：不敢忘记祖先的恩德。

辱先也^①。宗庙致敬，鬼神著矣^②。孝
悌之至，通于神明，光于四海，无所
不通。^③《诗》云：'自西自东，自南自
北，无思不服^④。'"

---

① 修身：修养身心。 慎行：行为小心谨慎。 恐：唯恐。 辱：玷污，使之受辱。 先：
先祖。
② 鬼神：即宗庙之祖先。 著：显灵，显露。
③ 孝悌之至，通于神明，光于四海，无所不通：对父母的孝顺和对兄弟的友爱，可以通
达神明，可以光耀天下，可以传播到任何地方。光，光大，充满。四海，整个天下。
④ 无思不服：原意是四面八方，无不服从周王朝。后引申为某种道理为四方所信奉。语
出《诗经·大雅·文王有声》。思，助词。

事君章① 第十七
shì jūn zhāng　　dì shí qī

17.1 子曰："君子之事上也，进思
zǐ yuē　　jūn zǐ zhī shì shàng yě　jìn sī

尽忠②，退思补过③，将顺其美，匡救
jìn zhōng　　tuì sī bǔ guò　　jiāng shùn qí měi　kuāng jiù

其恶④，故上下能相亲也。《诗》云：
qí è　　gù shàng xià néng xiāng qīn yě　shī yún

'心乎爱矣，遐不谓矣。中心藏之，
xīn hū ài yǐ　　xiá bú wèi yǐ　zhōng xīn cáng zhī

何日忘之⑤？'"
hé rì wàng zhī

①事君：侍奉君王。
②进：指在朝廷为官，入朝见君。　思：考虑。　尽忠：竭尽对国家的忠诚。
③退：退朝闲居家中。　补过：弥补国君与国家大事中的不当之处。
④匡：匡正，纠正。
⑤心乎爱矣，遐不谓矣。中心藏之，何日忘之：《诗经》里说："心中洋溢着爱的情怀，
　　相距太远而不能倾诉，深深地珍藏在心中，无论何时，永不忘记。"语出《诗经·小
　　雅·隰桑》。遐，远。这里指远离君主。谓，认为，以为。

丧亲章^①（sàng qīn zhāng） 第十八（dì shí bā）

18.1 子曰（zǐ yuē）："孝子之丧亲也（xiào zǐ zhī sàng qīn yě），哭不偯^②（kū bù yǐ），礼无容^③（lǐ wú róng），言不文（yán bù wén），服美不安^④（fú měi bù ān），闻乐不乐^⑤（wén yuè bú lè），食旨不甘^⑥（shí zhǐ bù gān），此哀戚之情也（cǐ āi qī zhī qíng yě）。三日而食^⑦（sān rì ér shí），教民无以死伤生^⑧（jiào mín wú yǐ sǐ shāng shēng）。毁不灭性^⑨（huǐ bú miè xìng），此圣人之政也（cǐ shèng rén zhī zhèng yě）。丧不过三年^⑩（sàng bú guò sān nián），示民有终也^⑪（shì mín yǒu zhōng yě）。为之（wéi zhī）

---

① 丧亲：失去双亲时举行的丧礼，孝子所应遵循的礼法。
② 偯：哭的余声曲折委婉。指孝子哭的时候不要拖着腔调。
③ 礼无容：这是说丧亲时，孝子的行为举止不讲究仪容姿态。无容，不打扮。
④ 服美：穿着华美的衣裳。　不安：内心会感到不安。
⑤ 闻乐不乐：由于心中悲哀，孝子听到音乐也并不感到快乐。所以，丧礼规定，孝子在服丧期内不得演奏或欣赏音乐。前一"乐"字指音乐，后一"乐"字指快乐。
⑥ 旨：美味的食物。　甘：味美，甜。
⑦ 三日而食：指古时丧礼，父母之丧三天以后，孝子才应该进食。
⑧ 无以：不要，不能。　伤生：（伤心过度）伤害到自己的身体。
⑨ 毁：哀毁，因悲哀而损坏身体健康。
⑩ 丧不过三年：指守丧之期不超过三年。
⑪ 终：指礼制上的终结。

棺、椁、衣、衾而举之①；陈其簋、

簠而哀戚之②。擗踊哭泣③，哀以送

之；卜其宅兆，而安厝之；④为之宗

庙，以鬼享之；⑤春秋祭祀，以时思

之。⑥生事爱敬，死事哀戚⑦，生民

之本尽矣⑧，死生之义备矣⑨，孝子

之事亲终矣⑩。"

---

①棺、椁：即棺材和套棺（古代套于棺外的大棺），泛指棺材。　衣、衾：裹身为衣，
　遮体为衾。　举之：抬起尸体纳入棺材。
②簋、簠：古代盛稻、粱、黍、稷的礼器，也可用作祭器。
③擗踊：形容捶胸顿足，极为悲痛的样子。擗，捶胸。踊，以脚顿地。
④卜：占卜，指用占卜的方法选择墓地，葬是大事，故卜之。　宅：墓穴。　兆：吉兆。
　安厝：指将棺材安放到墓穴中去。古人强调"入土为安"，古曰"安厝"。厝，即措，
　指下葬。
⑤为之宗庙，以鬼享之：为父母立庙，以祭祀鬼神的礼仪祭奠父母。鬼，即逝去父母的灵魂。
　《礼记·祭法》："人死曰鬼。"
⑥春秋祭祀，以时思之：举行春秋二祭，按时追念先人。春秋，指春、秋两季，泛指四时。
⑦生事爱敬，死事哀戚：活着的时候事父母以爱敬之道，去世后事父母以哀戚之情。
⑧生民之本尽矣：（养老送终）尽到了为人子女应尽的本分。生民，人，人们。
⑨死生之义：奉养、安葬、祭祀父母的义务。
⑩孝子之事亲终矣：孝子已经尽到侍奉双亲最完整的孝道了。

弟子规

导 言

　　《弟子规》是中国古代社会备受人们重视与喜爱的一本启蒙读物与蒙学教材，自从清初问世，便受到普遍欢迎，且被广泛应用。它继承和发展了儒家"尊德性而道问学"的治学传统，语句合辙押韵，语言浅显易懂，知识广泛丰富，被时人誉为"开蒙养正最上乘"。

　　《弟子规》原名《训蒙文》，是一部对蒙童进行启蒙教育、思想训导、行为规劝的启蒙读物。《训蒙文》的作者是清康熙年间的秀才李毓秀。该书后经清朝贾存仁修订，改书名为《弟子规》，这使书名与书的主旨、内容更加契合、鲜明。此后，《弟子规》一书被广泛翻印，并迅速流传南北，成为妇孺皆知、风靡一时的蒙学读物。如清人周保璋在《童蒙记诵编》中说："近李氏《弟子规》盛行，而此书（指《三字经》）几废。"我们今天看到的《弟子规》版本多是清代后期以来的版本，均以《弟子规》为名。

　　李毓秀（1647—1729），字子潜，号采三，祖籍山西降州正平里周庄村（今山西运城新绛县龙兴镇周庄村）人，清初著名学者、教育家。李毓秀是清康熙年间的一位秀才，虽饱读诗书、满腹经纶，但经多次考试而不中，于是便放弃了对仕途的追求，转向追随同乡学者党成（1615—1692），潜心学问，创办敦复斋，开启讲学育人之路。他的学问好，修养高，听他讲课的学生很多。时人非常佩服他的才学，尊称他为"李夫子"。为将自己平生所学传承后人、教育弟子，他参考圣贤著作，结合多年从事教育的经验，编写了《训蒙文》。此外，他还有《四书证伪》《四书字类释义》《学庸发明》《读大学偶记》《宋孺夫文约》《水仙百咏》等有价值的著作。

贾存仁（1724—1785），字木斋，山西浮山县人，清初知名学者。乾隆三十六年（1771）参加山西乡试，考中副榜，随后放弃仕途，潜心钻研学问，研习书法，教书育人。他对音韵学有较深研究，有《等韵精要》《弟子规正字略》等著作流传后世。贾存仁改定本的《弟子规》共有 360 句话，1080 个字，其最大的特点是合辙押韵，朗朗上口，便于诵读，于是被广泛使用、翻印与流传。后世通行的《弟子规》多是只署"绛州李子潜"，只有少数几种同时署有"贾存仁"，但其名排在李子潜后，现尚未发现单独署名"贾存仁"的。《弟子规》得以传世，李毓秀作《训蒙文》是基础和前提，但贾存仁改编之功也不可埋没。他对《训蒙文》从形式到内容都进行了修改和订正，付出了很大的努力，对《弟子规》的传播和发扬光大做出了不可磨灭的贡献。人们通常认为，李毓秀是《弟子规》的作者，贾存仁是修订者。

根据有关史料记载，《弟子规》多被用作私塾、义学中的蒙学教材，最早是在清道光年间，后经清咸丰、同治、光绪、宣统五朝一直到民国，其使用范围越来越广，传播区域涉及华北、中原、西北、江南、华东等地。鉴于后世刊印者对《弟子规》做过个别改动，这使传世的《弟子规》存在差异，出现了不同的流传版本。其中，"西京清麓丛书"本《弟子规》与李毓秀《训蒙文》最为接近。目前可见的最早的《弟子规》版本是 1835 年刊印的北大图书馆所藏"复性斋丛书"本《弟子规》，与贾存仁改订本最为接近，为后世最为通行易见的《弟子规》内容系统。

　　《弟子规》以《论语·学而》篇第六则"弟子入则孝，出则弟，谨而信，泛爱众而亲仁。行有余力，则以学文"的内容要求为总纲领，以儒家孝、悌、信、爱、仁、学等观念为核心，对儿童日常生活学习中的 113 件事，包括居家外出的孝悌之行、言谈举止、待人接物、修身自律、读书求学等诸多方面予以详细规定，以教诲训导蒙童养成良好的生活和学习习惯，以及形成崇德向善的思想观念，为建设彬彬有礼、和谐有序的社会奠定基础。

　　《弟子规》全文设总叙、入则孝、出则弟（悌）、谨而信、泛爱众而亲仁、行有余力则以学文六个部分，紧扣孔子教化弟子之意，予以分别细化诠释与落实。总序用二十四个字开宗明义，简洁明了，逻辑清晰，提出了儿童启蒙的五个重要方面，为蒙童养正、为人处世、修身达仁提供了一个层次分明、循序渐进的路线图与总要求，这犹如蒙童人生海洋中的一座灯塔，时刻指引着蒙童之船前进的航向。

　　"入则孝"是蒙童修养的第一项内容。"入"是指在家，"孝"是善待父母，即子女在家要善待父母。一方面心中要有对父母的敬和爱，心里要念念不忘父母的养育之恩；一方面日常生活中要好好侍奉父母，有礼貌地对待父母，多听从父母的教诲，凡事要站在父母的角度思考，多多体谅、关心照顾父母，如果发现父母有不对的地方，要及时提醒父母，以免让父母犯错误。

　　"出则悌"是蒙童修养的第二项内容。"出"是指走出家门，步入社会。"悌"本义是弟弟尊敬、爱戴兄长，泛指敬重长上。如朱熹说："事兄长则为悌德。"其实，悌也包含兄长对弟弟的爱护与关心。如《说文解字》说："悌，善兄弟也。"即兄弟之间要相互关心、相互爱护。俗话说："在家靠父母，出门靠朋友。"一个儿童走出家门，首先要敬重长上，其次要友爱关心兄弟，做到礼貌待人，与人恭敬有礼，举止文雅，要谦虚，不要骄傲自大、狂妄无礼，从而达到四海之内皆兄弟。

"谨而信"是蒙童修养的第三项内容。"谨"是指言行上要谨慎、慎重，做到谨言慎行。"信"是指诚实守信、言而有信、信守承诺等。儿童要谨慎对待自己的穿衣戴帽、饮食端坐、接物待客等生活习惯，养成良好的生活习惯与为人处世的方式，注意不要随便说话，不要花言巧语，做到言行一致、表里如一，做到见贤思齐、知错就改。

"泛爱众，而亲仁"是蒙童修养的第四项内容。"泛爱众"是指广泛地友爱众人，以爱自己的父母、兄弟、姊妹之心对待身边的人。"亲仁"是指亲近有仁爱之心的人，向仁德之人靠近、学习，不断提升自己的品德修养。我们共同生活在一片蓝天下，无论什么人都要相互关爱，否则，社会将变得不和谐，出现倚强凌弱、以大欺小、尔虞我诈等现象，甚至发生动乱、战争。所以蒙童要从小培养爱心，不要只求私利，不要巴结讨好有钱人，要赞美品德高尚的人、有爱心的人；多称赞别人的善行，少宣扬别人的短处；别人有恩于自己，要学会报答，别人对不起自己，要学会忘掉；亲近品德高尚的人，让自己变得品德高尚，同时要用自己的爱心影响他人，让整个世界充满爱。

"行有余力，则以学文"是蒙童修养的第五项内容。"行有余力"是指在做好以上四方面的基础之上，如果有余力，就应学习《诗》《书》《礼》等方面的知识学问。儒家认为，一个人首先应学习做人的礼仪规范，懂得如何做人，然后再学习一些知识技能。换句话说，品德是做人的根本，才能是做人的枝节；用现代的话说，就是成才先成人。因为品德修养好了，做人的基础打牢了，在人生道路上才会少犯错误或不犯错误。但是，只有好品德是不够的，还需要具备一定的生存智慧与技能，要乐于助人，对社会做出一定的贡献，这样才能成为一个文质彬彬的人。因此，学习文化知识与技能也是人生的必修课。

少年儿童学习《弟子规》，不仅要熟悉感悟其中的内容要求，而且需要与学习生活实践相结合，养成良好的学习和生活习惯，从而实现修身养性、学以致用的目的。当然，《弟子规》中有少部分内容已经不适应当今社会的需求，不可照搬照抄，必须加以辨别，有扬弃地学习与继承，以更好地发挥其新时代的作用，助推少年儿童成人成才。

在音注《弟子规》的过程中，我们参照了济南出版社·汉唐书局出版的朱荣智先生《弟子规》诵读本、北京教育出版社出版的刘青文先生《弟子规》等时贤的研究成果，谨深表谢忱！本书有不当之处，请提出宝贵的意见和建议。

杨富荣

2024 年 3 月

zǒng xù
总 叙

dì zǐ guī shèng rén xùn
弟 子 规①，圣 人 训②；

shǒu xiào tì cì jǐn xìn
首 孝 弟③，次 谨 信④。

fàn ài zhòng ér qīn rén
泛 爱 众，而 亲 仁⑤；

yǒu yú lì zé xué wén
有 余 力⑥，则 学 文⑦。

①弟子规：弟子，指学生。规，指做人的道理和规范。 《弟子规》：指清代出现的一部非常有影响力的蒙学读物。

②圣人训：圣人，指至圣先师孔子。训，教导，教诲。

③孝弟：孝，孝顺父母。弟，通"悌"，尊重兄长、友爱兄弟。

④谨信：出言慎重，恭谨诚信。

⑤亲仁：亲近仁德的人。

⑥余力：指实践做到孝悌、谨信、泛爱众、亲仁等美德之后，仍有多余的精力、时间。

⑦文：指文化典籍，学习读书的事。

入则孝 ①
rù zé xiào

fù mǔ hū　　yìng wù huǎn
父母呼，应勿缓②；

fù mǔ mìng　　xíng wù lǎn
父母命，行勿懒。

fù mǔ jiào　　xū jìng tīng
父母教，须敬听；

fù mǔ zé　　xū shùn chéng
父母责，须顺承③。

dōng zé wēn　　xià zé qìng
冬则温，夏则清④；

chén zé xǐng　　hūn zé dìng
晨则省⑤，昏则定⑥。

---

①入：在父母跟前、到父母跟前。
②勿：不要。缓，迟缓。
③顺承：恭顺，接受。
④清：清凉。这里指使清凉的意思。
⑤省：问候，请安。
⑥定：安定，使……安定，指侍候父母安然睡下。

chū bì gào　　　fǎn bì miàn
出 必 告 ， 反 必 面①；

jū yǒu cháng　　　yè wú biàn
居 有 常 ， 业 无 变②。

shì suī xiǎo　　　wù shàn wéi
事 虽 小 ， 勿 擅 为③；

gǒu shàn wéi　　　zǐ dào kuī
苟 擅 为④， 子 道 亏⑤。

wù suī xiǎo　　　wù sī cáng
物 虽 小 ， 勿 私 藏；

gǒu sī cáng　　　qīn xīn shāng
苟 私 藏 ， 亲 心 伤。

qīn suǒ hào　　　lì wèi jù
亲 所 好 ， 力 为 具⑥；

qīn suǒ wù　　　jǐn wèi qù
亲 所 恶 ， 谨 为 去⑦。

shēn yǒu shāng　　　yí qīn yōu
身 有 伤 ， 贻 亲 忧；

①反：通"返"，返回家中。　面：当面告知、问候父母，让父母放心。
②居：居住。　常：固定的地方。　业：职业，做事。　无变：不随意改变。
③擅：自作主张。
④苟：连词。相当于假如、如果。
⑤亏：损失、损耗，缺陷。
⑥力：尽心尽力。　具：准备完善。
⑦谨：严谨，谨慎，慎重小心。　去：排除。

dé yǒu shāng　　yí qīn xiū
德 有 伤 ， 贻 亲 羞①。

qīn ài wǒ　　xiào hé nán
亲 爱 我 ， 孝 何 难 ；

qīn zēng wǒ　　xiào fāng xián
亲 憎 我 ， 孝 方 贤②。

qīn yǒu guò　　jiàn shǐ gēng
亲 有 过 ， 谏 使 更③；

yí wú sè　　róu wú shēng
怡 吾 色④， 柔 吾 声⑤。

jiàn bú rù　　yuè fù jiàn
谏 不 入 ， 悦 复 谏⑥；

háo qì suí　　tà wú yuàn
号 泣 随⑦， 挞 无 怨⑧。

qīn yǒu jí　　yào xiān cháng
亲 有 疾 ， 药 先 尝 ；

zhòu yè shì　　bù lí chuáng
昼 夜 侍 ， 不 离 床 。

①贻：遗留，留给，带给。

②憎：厌恶，讨厌，不喜欢。　孝方贤：指仍能做到孝才是真孝。

③谏：规劝，劝说，使父母纠正过错。

④怡吾色：规劝时要和颜悦色。怡，和气。

⑤柔吾声：说话声音要柔和。

⑥悦：原指说，后引申为高兴、顺服、悦耳，这里指和颜悦色。

⑦号泣随：指哭着予以规劝。号泣，嚎啕大哭。随，随后，紧接着。

⑧挞：用鞭、棍等抽打人。

sāng sān nián　　cháng bēi yè
丧 三 年 ，　常 悲 咽 ①；

jū chù biàn　　jiǔ ròu jué
居 处 变 ，　酒 肉 绝 ②。

sāng jìn lǐ　　jì jìn chéng
丧 尽 礼 ，　祭 尽 诚 ；

shì sǐ zhě　　rú shì shēng
事 死 者 ③，　如 事 生 。

chū zé tì
出 则 弟 ④

xiōng dào yǒu　　dì dào gōng
兄 道 友 ⑤，　弟 道 恭 ；

xiōng dì mù　　xiào zài zhōng
兄 弟 睦 ，　孝 在 中 。

――――――――――
①丧三年：据《仪礼·丧服》所记，传统宗法社会，规定子女为父母居丧的期限为三年。
　悲咽：悲伤哽咽，悲伤得说不出话。
②居处变：指居丧期内，子女的日常生活起居都应从简，以遵孝道。　绝：断绝。
③事：对待。
④出：指走出自己的房子。　弟：通"悌"。
⑤道：做人做事的道理，行为的准则和规范。　友：友爱亲近。

cái wù qīng　　yuàn hé shēng
财 物 轻 ，　怨 何 生 ？

yán yǔ rěn　　fèn zì mǐn①
言 语 忍 ，　忿 自 泯①。

huò yǐn shí　　huò zuò zǒu
或 饮 食 ，　或 坐 走 ；

zhǎng zhě xiān　　yòu zhě hòu
长 者 先 ，　幼 者 后 。

zhǎng hū rén　　jí dài jiào②
长 呼 人 ，　即 代 叫②；

rén bú zài　　jǐ jí dào
人 不 在 ，　己 即 到 。

chēng zūn zhǎng　　wù hū míng
称 尊 长 ，　勿 呼 名 ；

duì zūn zhǎng　　wù xiàn néng③
对 尊 长 ，　勿 见 能③。

lù yù zhǎng　　jí qū yī④
路 遇 长 ，　疾 趋 揖④；

①忿：怒，怨恨。　泯：消灭，消减，指消失化解。
②即：立刻。　代叫：代长辈或者年长者去叫人。
③见：通"现"，表现，显露，逞能。
④疾趋：快步向前。　揖：两手抱拳，放在胸前拱手行礼。

zhǎng wú yán tuì gōng lì
长无言，退恭立[1]。

qí xià mǎ chéng xià chē
骑下马，乘下车；

guò yóu dài bǎi bù yú
过犹待[2]，百步余。

zhǎng zhě lì yòu wù zuò
长者立，幼勿坐；

zhǎng zhě zuò mìng nǎi zuò
长者坐，命乃坐[3]。

zūn zhǎng qián shēng yào dī
尊长前[4]，声要低；

dī bù wén què fēi yí
低不闻[5]，却非宜。

jìn bì qū tuì bì chí
进必趋[6]，退必迟；

wèn qǐ duì shì wù yí
问起对[7]，视勿移。

---

①恭：恭敬，严肃而有礼貌。
②过：已经从自己面前过去了。 犹：还要，仍然。 待：等待。这里指恭立目送。
③命：上级对下级、长辈对晚辈的指示。
④尊：尊敬，尊重。
⑤不闻：声音太低而听不到。
⑥趋：小步快走，表示恭敬。
⑦起：起来，由坐或卧而站立。 对：回答，搭话。

shì zhū fù① rú shì fù
事 诸 父 ， 如 事 父 ；

shì zhū xiōng② rú shì xiōng
事 诸 兄 ， 如 事 兄 。

jǐn ér xìn
谨 而 信

52

zhāo qǐ zǎo yè mián chí
朝 起 早 ， 夜 眠 迟 ；

lǎo yì zhì xī cǐ shí
老 易 至 ， 惜 此 时 。

chén bì guàn③ jiān shù kǒu
晨 必 盥 ， 兼 漱 口 ；

biàn niào huí④ zhé jìng shǒu
便 溺 回 ， 辄 净 手 。

①诸父：指父亲的亲兄弟、堂兄弟、表兄弟等父辈尊长。
②诸兄：指堂兄、表兄等平辈的兄长。
③盥：洗手，洗脸。
④便溺：指大小便。溺，同"尿"。
⑤辄：就，总是。 净手：洗干净手。这不仅是良好的卫生习惯，而且是古人参加各种
典礼活动时严格的礼仪要求，所以从小就要培养教育。

guān bì zhèng　　niǔ bì jié①

冠必正，纽必结①；

wà yǔ lǚ　　jù jǐn qiè②

袜与履，俱紧切②。

zhì guān fú　　yǒu dìng wèi

置冠服，有定位；

wù luàn dùn③　　zhì wū huì

勿乱顿③，**致污秽**。

yī guì jié　　bú guì huá

衣贵洁，不贵华；

shàng xún fèn④　　xià chèn jiā⑤

上循分④，**下称家**⑤。

duì yǐn shí　　wù jiǎn zé

对饮食，勿拣择；

shí shì kě　　wù guò zé⑥

食适可，勿过则⑥。

nián fāng shào　　wù yǐn jiǔ

年方少，勿饮酒；

———————

①纽：纽带，系结用的带子。

②紧切：穿好系紧，使贴切合适。

③顿：这里作动词使用，表示安放、安顿。

④上循分：当官的穿衣服要遵循自己的名分。循，遵循，依照。　分：身份，等级。

⑤下称家：老百姓穿衣服要与家庭的地位条件相称。称，相称，符合。

⑥过则：超越礼法的规定，即饮食要适量适度。　则：准则，规章。

yǐn jiǔ zuì zuì wéi chǒu
饮酒醉，最为丑。

bù cóng róng lì duān zhèng
步从容，立端正；

yī shēn yuán bài gōng jìng
揖深圆[①]，拜恭敬。

wù jiàn yù wù bì yǐ
勿践阈[②]，勿跛倚[③]；

wù jī jù wù yáo bì
勿箕踞[④]，勿摇髀[⑤]。

huǎn jiē lián wù yǒu shēng
缓揭帘，勿有声；

kuān zhuǎn wān wù chù léng
宽转弯，勿触棱[⑥]。

zhí xū qì rú zhí yíng
执虚器[⑦]，如执盈[⑧]；

rù xū shì rú yǒu rén
入虚室，如有人。

---

①深圆：古时作揖要曲身、低头、两手圆拱。 深：指够深度，到位。 圆：完整。
②践阈：踏在门槛上。践，踏。阈，门槛。
③跛倚：指斜着身子弯着腿靠在墙上或其他物体器具上，站立不正。
④箕踞：两脚岔开蹲着或坐着，形似簸箕。
⑤摇髀：摇晃大腿。
⑥棱：指有棱角的东西。
⑦虚器：空的器具。
⑧盈：满。指盛满东西的器具。

事勿忙，忙多错；

勿畏难，勿轻略①。

斗闹场，绝勿近②；

邪僻事③，绝勿问。

将入门，问孰存④；

将上堂⑤，声必扬⑥。

人问谁，对以名；

吾与我，不分明⑦。

用人物，须明求⑧；

---

① 轻略：指草率行事，粗心大意。
② 绝：绝对，一定。
③ 邪僻事：指不正当、不合乎正道的事。邪，不正当的行为或思想。
④ 问孰存：问有人在里面吗。孰：谁，哪一个。存：在家。
⑤ 堂：堂屋，正房。
⑥ 扬：这里指提高声音。
⑦ 吾与我，不分明：意为不要回答"吾"或"我"，因为这样主人分不清来者究竟是谁。
⑧ 明求：公开、当面讲明表达需求。

tǎng bú wèn① jí wéi tōu
倘 不 问，即 为 偷 。

jiè rén wù jí shí huán
借 人 物 ，及 时 还 ；

rén jiè wù yǒu wù qiān②
人 借 物 ，有 勿 悭 。

fán chū yán xìn wéi xiān
凡 出 言 ，信 为 先 ；

zhà yǔ wàng xī kě yān③
诈 与 妄 ，奚 可 焉 ！

huà shuō duō bù rú shǎo
话 说 多 ，不 如 少 ；

wéi qí shì④ wù nìng qiǎo⑤
惟 其 是 ，勿 佞 巧 。

kè bó yǔ huì wū cí⑥
刻 薄 语 ，秽 污 词 ；

shì jǐng qì⑦ qiè jiè zhī
市 井 气 ，切 戒 之 。

①倘：假如，如果。
②悭：吝啬。
③妄：言词荒谬，没有根据。　奚：怎么。　焉：表示疑问的语气词。
④是：正确，恰当。
⑤佞巧：这里指用花言巧语欺骗人。
⑥秽污词：下流肮脏的话。
⑦市井气：指欺诈蒙骗不讲诚信的市俗习气。

jiàn wèi zhēn　　wù qīng yán
见 未 真①，勿 轻 言②；

zhī wèi dí　　wù qīng chuán
知 未 的③，勿 轻 传。

shì fēi yí　　wù qīng nuò
事 非 宜④，勿 轻 诺⑤；

gǒu qīng nuò　　jìn tuì cuò
苟 轻 诺，进 退 错。

fán dào zì　　zhòng qiě shū
凡 道 字⑥，重 且 舒⑦；

wù jí jí　　wù mó hu
勿 急 疾，勿 模 糊。

bǐ shuō cháng　　cǐ shuō duǎn
彼 说 长，此 说 短；

bù guān jǐ　　mò xián guǎn
不 关 己，莫 闲 管。

jiàn rén shàn　　jí sī qí
见 人 善，即 思 齐；

①见未真：看到的、了解到的不真实情况。

②轻言：随便对人讲。

③的：指箭靶的中心，比喻确切的根据。

④宜：适合，适宜。

⑤轻诺：轻易答应。诺，许诺，答应。

⑥道字：说话，吐字。

⑦重且舒：指声音要响亮，吐字清楚，而且速度要舒缓流畅。

纵去远^①，以渐跻^②。

见人恶，即内省^③；

有则改，无加警^④。

惟德学，惟才艺；

不如人，当自砺^⑤。

若衣服，若饮食；

不如人，勿生戚^⑥。

闻过怒，闻誉乐；

损友来，益友却^⑦。

①纵：纵使，即使。 去：距离。
②跻：上升，提升，登上。这里指升入同一行列，成为同一类人。
③省：反省，检查（自己的思想、言行）。
④警：注意并防备、警惕。
⑤自砺：自我磨砺，自我勉励。
⑥戚：忧伤，悲伤。
⑦却：推辞，避开，退却。

wén yù kǒng　　wén guò xīn
闻誉恐，闻过欣；

zhí liàng shì　　jiàn xiāng qīn
直谅士，渐相亲^①。

wú xīn fēi　　míng wéi cuò
无心非，名为错；

yǒu xīn fēi　　míng wéi è
有心非，名为恶。

guò néng gǎi　　guī yú wú
过能改，归于无；

tǎng yǎn shì　　zēng yì gū
倘掩饰^②，增一辜^③。

① 闻誉恐，闻过欣；直谅士，渐相亲：这是一句完整的话语，拆开来讲，则无法明确表达其意。这里指听见别人对自己的恭维话应该感到不安；听见别人对自己的指责，不但不生气，还能欢喜接受，那么正直诚信的人，就会渐渐喜欢和我们亲近了。直，正直。谅，诚信。

② 掩饰：掩盖粉饰（缺点、错误等）。

③ 辜：罪过，过错。

泛爱众　而亲仁
fàn　ài　zhòng　ér　qīn　rén

凡是人，皆须爱；
fán shì rén　jiē xū ài

天同覆①，地同载②。
tiān tóng fù　dì tóng zài

行高者③，名自高④；
xíng gāo zhě　míng zì gāo

人所重，非貌高⑤。
rén suǒ zhòng　fēi mào gāo

才大者，望自大⑥；
cái dà zhě　wàng zì dà

人所服⑦，非言大。
rén suǒ fú　fēi yán dà

---

①天同覆：指被同一片天所覆盖。覆，覆盖，遮盖。

②地同载：被同一片土地所承载。载，承载。以上两句指共同生活在一个世界上。

③行高：品行高尚。

④名：名望，声望。

⑤貌高：指外表高大威严，仪表堂堂，好像正人君子。

⑥望自大：名望声望自然会大。

⑦服：佩服，赞同，敬佩。

己有能，勿自私；
jǐ yǒu néng， wù zì sī

人所能，勿轻訾①。
rén suǒ néng， wù qīng zǐ

勿谄富②，勿骄贫③；
wù chǎn fù， wù jiāo pín

勿厌故，勿喜新。
wù yàn gù， wù xǐ xīn

人不闲，勿事搅④；
rén bù xián， wù shì jiǎo

人不安⑤，勿话扰。
rén bù ān， wù huà rǎo

人有短，切莫揭；
rén yǒu duǎn， qiè mò jiē

人有私⑥，切莫说。
rén yǒu sī， qiè mò shuō

道人善⑦，即是善；
dào rén shàn， jí shì shàn

①轻：轻易，随便。訾：非议，诋毁，说人坏话。
②谄富：指羡慕富人，向富人谄媚。谄，奉承讨好，献媚。
③骄贫：指看不起穷人，对穷人傲慢无礼。骄，骄横，看不起。
④搅：打扰。
⑤不安：心情不好。
⑥私：隐私。指不想让别人知道的事。
⑦道：说，称道。

人知之，愈思勉①。

扬人恶②，即是恶；

疾之甚③，祸且作④。

善相劝，德皆建；

过不规⑤，道两亏⑥。

凡取与⑦，贵分晓⑧；

与宜多，取宜少。

将加人⑨，先问己；

---

①勉：勉励，尽最大力量（行善）。
②扬：传出去，传播。
③疾：厌恶，痛恨。
④且作：将会发生，表示递进关系。作，兴起，发生。
⑤规：劝诫，规劝，劝告。
⑥道：行为的准则或规范，这里指品德，道德。
⑦取：拿人家的东西。　与：给人家东西。
⑧贵分晓：贵在区分清楚。
⑨加人：把事情加在别人身上。加，施及。

己不欲，即速已①。

恩欲报，怨欲忘；

报怨短，报恩长。

待婢仆，身贵端②；

虽贵端，慈而宽③。

势服人④，心不然⑤；

理服人，方无言。

同是人，类不齐⑥；

流俗众⑦，仁者希⑧。

①速：快，迅速。 已：停止。
②身：指主人自身。 贵端：以品行端正、态度端正为贵。 贵：重在。 端：端正、庄重。
③慈而宽：仁慈而宽厚。
④势：指用权势压人。
⑤不然：不服。 然：认为是对的，认可。
⑥类：品类，等级。 齐：相同。指不是一类人，不一样。
⑦流俗：指世间平庸的人，世俗之人。
⑧希：通"稀"，稀少。

guǒ rén zhě^①，rén duō wèi^②；
果 仁 者， 人 多 畏；

yán bú huì， sè bú mèi^③。
言 不 讳， 色 不 媚。

néng qīn rén， wú xiàn hǎo；
能 亲 仁， 无 限 好；

dé rì jìn^④， guò rì shǎo^⑤。
德 日 进， 过 日 少。

bù qīn rén， wú xiàn hài^⑥；
不 亲 仁， 无 限 害；

xiǎo rén jìn^⑦， bǎi shì huài。
小 人 进， 百 事 坏。

①果：真正的。
②畏：敬畏，佩服。
③言不讳，色不媚：指仁者说话直言不讳，态度不逢迎谄媚。
④日进：一天比一天长进。
⑤日少：一天比一天减少。
⑥害：与"益"相对，损害。
⑦小人：指行为不正派的人。 进：亲近，包围。

行有余力　则以学文

不力行①，但学文②；
长浮华③，成何人。
但力行，不学文；
任己见，昧理真④。
读书法，有三到：
心眼口，信皆要⑤。
方读此，勿慕彼⑥；

①力行：努力去践行。指身体力行前面所讲的孝、悌、谨、信、爱、仁。
②但：只，仅仅。
③浮华：华而不实。表面华美，不讲实际。
④昧：无知，蒙昧，昏暗不明。
⑤信：确实，诚然，实在。　要：重要。
⑥慕：思念，想着，挂念着。

此未终，彼勿起。

宽为限①，紧用功；

工夫到，滞塞通②。

心有疑，随札记③；

就人问，求确义④。

房室清，墙壁净；

几案洁⑤，笔砚正。

墨磨偏，心不端；

字不敬，心先病⑥。

---

①宽为限：指学习期限放宽些。

②滞塞：停滞堵塞。指不懂的地方，不明白之处。 通：通顺，通畅。

③札记：读书时分条记录的笔记。札，古时写字用的小木片。

④就人问：指随时向别人请教。 确义：确切的含义。

⑤几案：茶几、书桌。 洁：干净，整洁。

⑥不敬：不合规矩。这里指字写得不工整。 病：瑕疵，心不在焉。

列典籍^①，有定处；
读看毕，还原处。

虽有急，卷束齐^②；
有缺损，就补之^③。

非圣书^④，屏勿视^⑤；
蔽聪明^⑥，坏心志^⑦。

勿自暴^⑧，勿自弃^⑨；
圣与贤，可驯致^⑩。

---

①列：放置，排列有序。
②卷束齐：书卷绑得整齐（书籍摆放整齐）。卷，书卷，古时书籍写在卷帛或竹简上，卷起来收藏，通称书籍为"卷"。束，系、捆绑，收拾、整理。
③就：立刻，即刻。 补：修补。
④圣书：指符合儒家思想道德标准的典籍、著作。
⑤屏：排除，舍弃。
⑥蔽：蒙蔽，埋没。
⑦坏：破坏，损坏。 心志：思想，志气。
⑧暴：糟蹋，损害。
⑨弃：舍弃，扔掉，这里指自暴自弃，放弃自己。
⑩驯致：逐渐达到。驯，逐渐。致，达到。